KB056784

수학과 교육과정에서 초등학교 수학 내용은 '수와 연산', '도형', '측정', '규칙성', '자료와 가능성'의 5개 영역으로 구성되는데, 우리가 이 교재에서 다룰 영역은 '도형·측정'입니다.

'도형' 영역에서는 평면도형과 입체도형의 개념, 구성요소, 성질과 공간감각을 다룹니다. 평면도형이나 입체도형의 개념과 성질에 대한 이해는 실생활 문제를 해결하는 데 기초가 되며, 수학의 다른 영역의 개념과 밀접하게 관련되어 있습니다. 또한 도형을 다루는 경험으로부터 비롯되는 공간감각은 수학적 소양을 기르는 데 도움이 됩니다.

'측정' 영역에서는 시간, 길이, 들이, 무게, 각도, 넓이, 부피 등 다양한 속성의 측정과 어림을 다룹니다. 우리 생활 주변의 측정 과정에서 경험하는 양의 비교, 측정, 어림은 수학 학습을 통해 길러야 할 중요한 기능이고, 이는 실생활이나 타 교과의 학습에서 유용하게 활용되며, 또한 측정을 통해 길러지는 양감은 수학적 소양을 기르는 데 도움이 됩니다.

이 책의 특징

1. 부족한 부분에 대한 집중 연습이 가능

도형·측정 영역은 직관적으로 쉽다고 느끼는 아이들도 있지만, 많은 아이들이 수·연산 영역에 비해 많이 어려워합니다.

길이, 무게, 넓이 등의 여러 속성을 비교하거나 어림해야 할 때는 섬세한 양감능력이 필요하고, 입체도형의 겉넓이나 부피를 구해야 할 때는 도형의 속성, 전개도의 이해는 물론 계산능력까지도 필요합니다. 도형을 돌리거나 뒤집는 대칭이동을 알아볼 때는 실제 해본 경험을 토대로 하여 형성된 추론능력이 필요하기도 합니다.

다른 여러 영역에 비해 도형·측정 영역은 이렇게 종합적이고 논리적인 사고와 직관력을 동시에 필요로 하기 때문에 문제 상황에 익숙해지기까지는 당황스러울 수밖에 없습니다. 하지만 절대 걱정할 필요가 없습니다.

기초부터 차근차근 쌓아 올라가야만 다른 단계로의 확장이 가능한 수·연산 등 다른 영역과 달리, 도형·측정 영역은 각각의 내용들이 독립성 있는 경우가 대부분이어서 부족한 부분만 집중 연습해도 충분히 그 부분의 완성도 있는 학습이 가능하기 때문입니다.

이번에 기탄에서 출시한 기탄영역별수학 도형·측정편으로 부족한 부분을 선택하여 집중적으로 연습해 보세요. 원하는 만큼 실력과 자신감이 쑥쑥 향상됩니다.

2. 학습 부담 없는 알맞은 분량

내게 부족한 부분을 선택해서 집중 연습하려고 할 때, 그 부분의 학습 분량이 너무 많으면 부담 때문에 시작하기조차 힘들 수 있습니다.

무조건 문제 수가 많은 것보다 학습의 흥미도를 떨어뜨리지 않는 범위 내에서 필요한 만큼 충분한 양일 때 학습효과가 가장 좋습니다.

기탄영역별수학 도형·측정편은 다루어야 할 내용을 세분화하여, 한 가지 내용에 대한 학습량도 권당 80쪽, 쪽당 문제 수도 3~8문제 정도로 여유 있게 배치하여 학습 부담을 줄이고 학습효과는 높였습니다.

학습자의 상태를 가장 많이 고민한 책, 기탄영역별수학 도형·측정편으로 미루어 두었던 수학에의 도전을 시작해 보세요.

이 책의 구성

★ 본 학습
제목을 통해 이번 차시에서 학습해야 할 내용이 무엇인지 짚어 보고, 그것을 익히기 위한 최적화된 연습문제를 반복해서 집중적으로 풀어 볼 수 있습니다.

★ 성취도 테스트

성취도 테스트는 본문에서 집중 연습한 내용을 최종적으로 한번 더 확인해 보는 문제들로 구성되어 있습니다. 성취도 테스트를 풀어 본 후, 결과표에 내가 맞은 문제인지 틀린 문제인지 체크를 해가며 각각의 문항을 통해 성취해야 할 학습목표와 학습내용을 짚어 보고, 성취된 부분과 부족한 부분이 무엇인지 확인합니다.

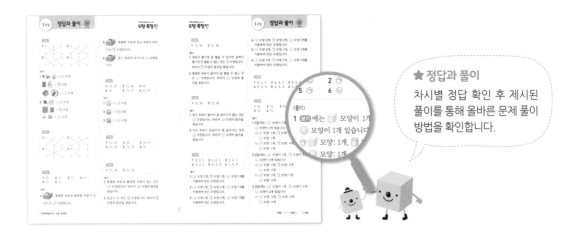

★ 정답과 풀이
차시별 정답 확인 후 제시된 풀이를 통해 올바른 문제 풀이 방법을 확인합니다.

기탄영역별수학
도형·측정편

평면도형의 이동

11
과정

기초부터 탄탄하게
G 기탄교육

차례

contents

평면도형의 이동

도형·측정편

1a

평면도형 밀기

이름 :

날짜 :

시간 :   :   ~   :

🐸 평면도형을 오른쪽으로 밀기

1 모양 조각을 오른쪽으로 밀었습니다. 알맞은 것을 찾아 ○표 하세요.

〈학습자료 1〉 사용

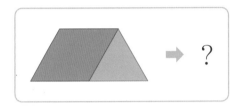

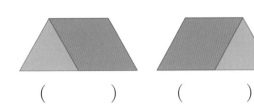

(   )   (   )

★ 도형을 오른쪽으로 밀었을 때의 도형을 그려 보세요.

2

도형을 밀기, 뒤집기, 돌리기 활동이 어려울 때에는 〈학습자료 2〉인 모눈에 도형을 그려 조작 활동을 해 보세요.

3

도형을 어느 방향으로 밀어도 모양과 크기는 변하지 않습니다.

★ 도형을 오른쪽으로 밀었을 때의 도형을 그려 보세요.

4

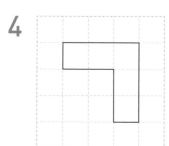

5

6

평면도형 밀기

이름 :

날짜 :

시간 :   :   ~   :

🐸 평면도형을 왼쪽으로 밀기

1 모양 조각을 왼쪽으로 밀었습니다. 알맞은 것을 찾아 ◯표 하세요.

〈학습자료 1〉 사용

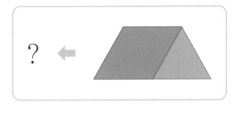      

(   )   (   )

★ 도형을 왼쪽으로 밀었을 때의 도형을 그려 보세요.

2

   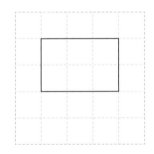

3

   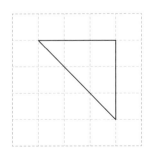

★ 도형을 왼쪽으로 밀었을 때의 도형을 그려 보세요.

 4

 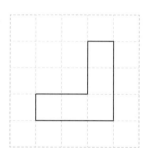

5

 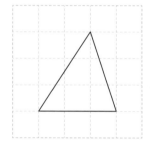

6

도형·측정편

3a

평면도형 밀기

이름 :

날짜 :

시간 :   :   ~   :

🐸 평면도형을 위쪽으로 밀기

1 모양 조각을 위쪽으로 밀었습니다. 알맞은 것을 찾아 ○표 하세요.

〈학습자료 1〉 사용

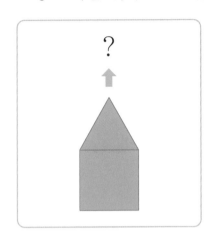

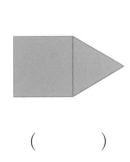

(   )   (   )

★ 도형을 위쪽으로 밀었을 때의 도형을 그려 보세요.

2

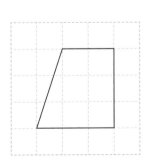

3

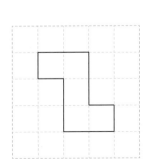

영역별 반복집중학습 프로그램

★ 도형을 위쪽으로 밀었을 때의 도형을 그려 보세요.

4

⬆

5

⬆

6 보기 의 도형을 위쪽으로 밀었을 때의 도형을 찾아 ○표 하세요.

보기
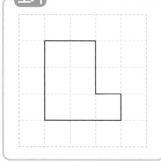

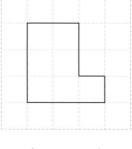

(   )

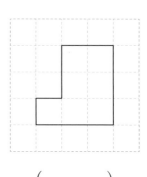

(   )

도형·측정편

4a

평면도형 밀기

🐸 **평면도형을 아래쪽으로 밀기**

1 모양 조각을 아래쪽으로 밀었습니다. 알맞은 것을 찾아 ○표 하세요.

〈학습자료 1〉 사용

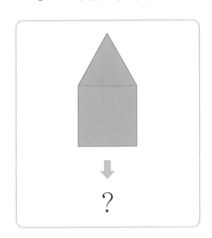

(　　　)

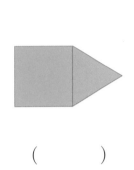

(　　　　)

★ 도형을 아래쪽으로 밀었을 때의 도형을 그려 보세요.

2

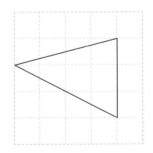

3

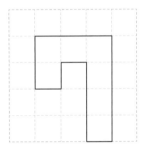

★ 도형을 아래쪽으로 밀었을 때의 도형을 그려 보세요.

4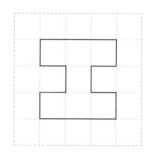

5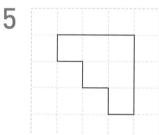

6 보기 의 도형을 아래쪽으로 밀었을 때의 도형을 찾아 ○표 하세요.

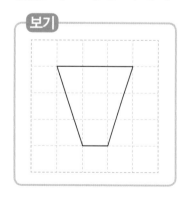

(   )   (   )

도형·측정편

5a

평면도형 밀기

이름 :
날짜 :
시간 : : ~ :

🐸 **평면도형을 몇 cm 밀기 ①**

1 도형을 오른쪽으로 5 cm 밀었을 때의 도형을 그려 보세요.

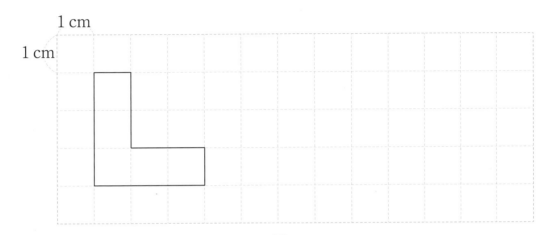

> 주어진 도형을 밀 때에는 도형의 한 변을 기준으로 하여 움직입니다. 도형을 미는 방향과 길이에 따라 도형의 위치는 바뀝니다.

2 도형을 왼쪽으로 6 cm 밀었을 때의 도형을 그려 보세요.

★ 왼쪽 도형을 위쪽으로 6 cm 밀었을 때의 도형과 오른쪽 도형을 아래쪽
으로 7 cm 밀었을 때의 도형을 각각 그려 보세요.

3

4

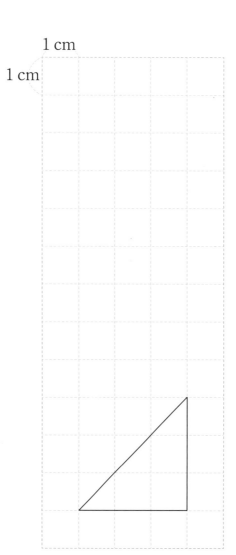

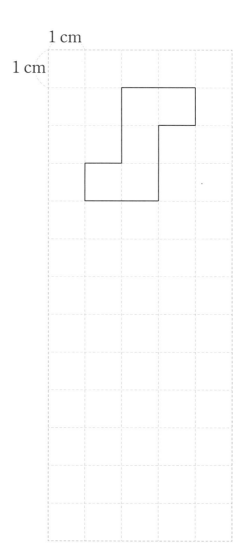

도형·측정편

6a

평면도형 밀기

이름 :

날짜 :

시간 : : ~ :

🐸 평면도형을 몇 cm 밀기 ②

★ 도형을 아래쪽으로 3 cm 밀고 오른쪽으로 6 cm 밀었을 때의 도형을
그려 보세요.

1

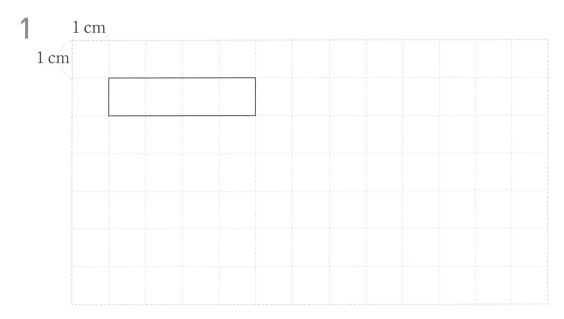

2

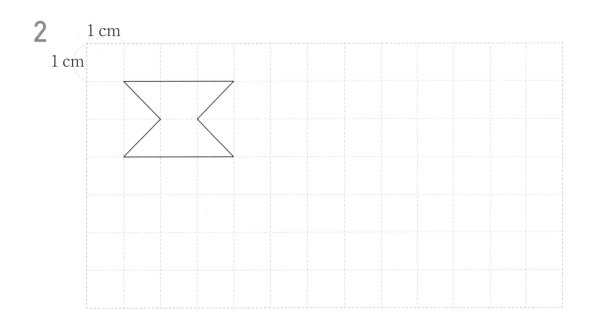

3 도형을 오른쪽, 왼쪽, 위쪽, 아래쪽으로 5 cm 밀었을 때의 도형을 각
각 그려 보세요.

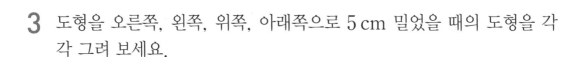

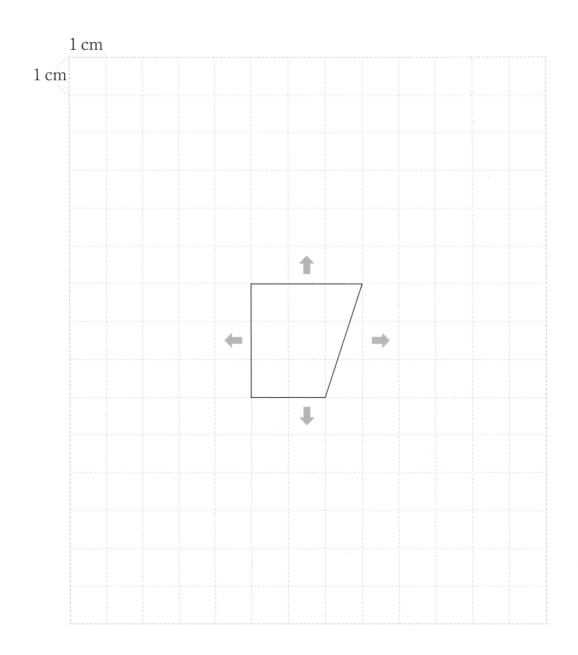

평면도형 뒤집기

이름 :

날짜 :

시간 :   :   ~   :

🐸 평면도형을 오른쪽으로 뒤집기

1 모양 조각을 오른쪽으로 뒤집었습니다. 알맞은 것을 찾아 ○표 하세요.

〈학습자료 1〉 사용

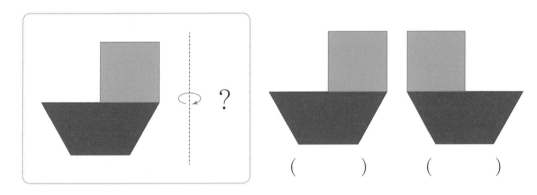

(   )   (   )

★ 도형을 오른쪽으로 뒤집었을 때의 도형을 그려 보세요.

2

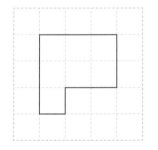

도형을 오른쪽이나 왼쪽으로 뒤집으면 도형의 오른쪽과 왼쪽 부분이 서로 바뀝니다.

3

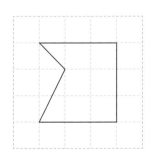

영역별 반복집중학습 프로그램

★ 도형을 오른쪽으로 뒤집었을 때의 도형을 그려 보세요.

4

5
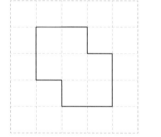

6
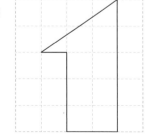

도형·측정편

8a

평면도형 뒤집기

이름 :

날짜 :

시간 :   :   ~   :

🐸 평면도형을 왼쪽으로 뒤집기

1 모양 조각을 왼쪽으로 뒤집었습니다. 알맞은 것을 찾아 ○표 하세요.

〈학습자료 1〉 사용

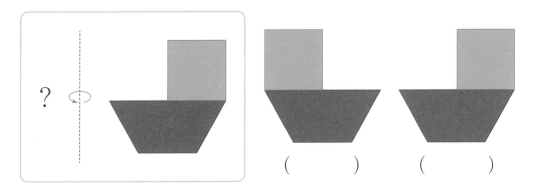

(   )   (   )

★ 도형을 왼쪽으로 뒤집었을 때의 도형을 그려 보세요.

2

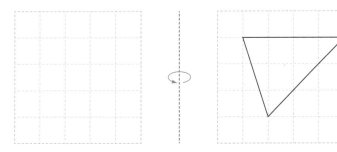

3

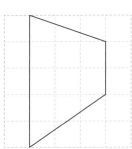

★ 도형을 왼쪽으로 뒤집었을 때의 도형을 그려 보세요.

4

5

6

기탄영역별수학 | 도형·측정편

도형·측정편

9a

평면도형 뒤집기

이름 :

날짜 :

시간 : : ~ :

🐸 평면도형을 위쪽으로 뒤집기

1 모양 조각을 위쪽으로 뒤집었습니다. 알맞은 것을 찾아 〇표 하세요.

〈학습자료 1〉 사용

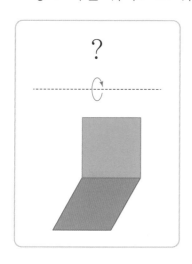

(   )

(   )

★ 도형을 위쪽으로 뒤집었을 때의 도형을 그려 보세요.

2

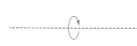

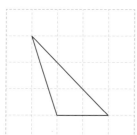

3

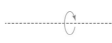

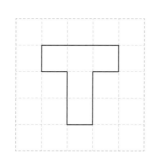

도형을 위쪽이나
아래쪽으로 뒤집으면
도형의 위쪽과 아래쪽
부분이 서로
바뀝니다.

★ 도형을 위쪽으로 뒤집었을 때의 도형을 그려 보세요.

4

5

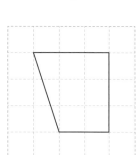

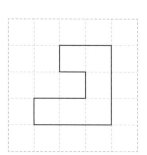

6 보기 의 도형을 위쪽으로 뒤집었을 때의 도형을 찾아 ○표 하세요.

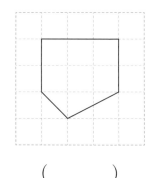

(   )   (   )

도형·측정편

10a

평면도형 뒤집기

이름 :

날짜 :

시간 :   :   ~   :

🐸 평면도형을 아래쪽으로 뒤집기

1 모양 조각을 아래쪽으로 뒤집었습니다. 알맞은 것을 찾아 ○표 하세요.

〈학습자료 1〉 사용

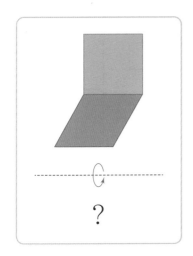

(   )

(   )

★ 도형을 아래쪽으로 뒤집었을 때의 도형을 그려 보세요.

2

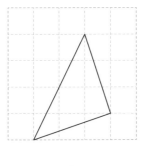

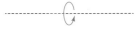

3

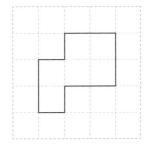

★ 도형을 아래쪽으로 뒤집었을 때의 도형을 그려 보세요.

4
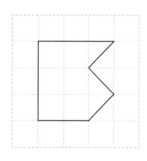

5
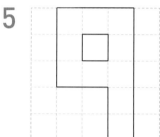

6 보기 의 도형을 아래쪽으로 뒤집었을 때의 도형을 찾아 ◯표 하세요.

보기

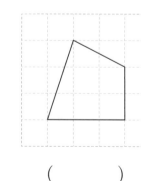

(   )   (   )

영역별 반복집중학습 프로그램 ———

도형·측정편

11a

평면도형 뒤집기

이름 :
날짜 :
시간 :   :   ~   :

🐸 평면도형을 여러 방향으로 뒤집기

1 도형을 왼쪽과 오른쪽으로 뒤집었을 때의 도형을 각각 그려 보세요.

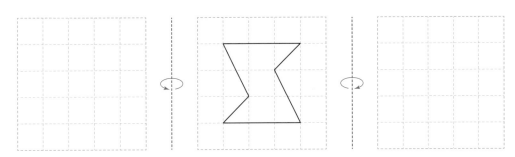

2 도형을 위쪽과 오른쪽으로 뒤집었을 때의 도형을 각각 그려 보세요.

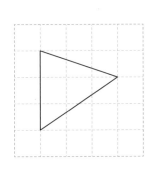

★ 도형을 위쪽과 아래쪽으로 뒤집었을 때의 도형을 각각 그려 보세요.

3

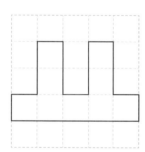

4

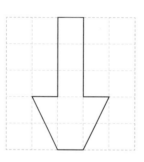

영역별 반복집중학습 프로그램 ——

도형·측정편

12a

평면도형 돌리기

이름 :

날짜 :

시간 :　:　~　:

🐸 평면도형을 시계 방향으로 90°만큼 돌리기

1 모양 조각을 시계 방향으로 90°만큼 돌렸습니다. 알맞은 것을 찾아 ○표 하세요. 〈학습자료 1〉 사용

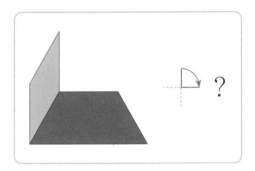

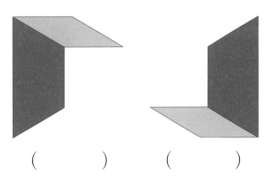

(　　　　)　　　(　　　　)

★ 도형을 시계 방향으로 90°만큼 돌렸을 때의 도형을 그려 보세요.

2

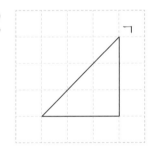

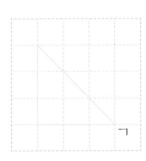

> 도형을 시계 방향으로 90°만큼 돌리면 위쪽 꼭짓점 ㄱ이 오른쪽으로 이동합니다.

3

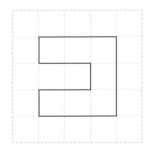

★ 도형을 시계 방향으로 90°만큼 돌렸을 때의 도형을 그려 보세요.

4

5
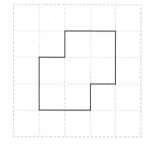

6
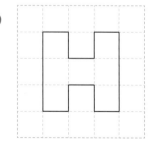

평면도형 돌리기

🐸 평면도형을 시계 방향으로 180°만큼 돌리기

1 모양 조각을 시계 방향으로 180°만큼 돌렸습니다. 알맞은 것을 찾아 ○표 하세요. 〈학습자료 1〉 사용

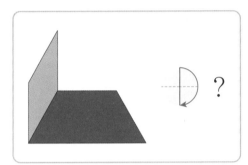

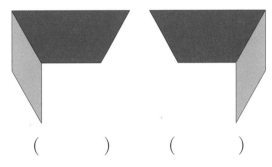

(　　　　)　　　(　　　　)

★ 도형을 시계 방향으로 180°만큼 돌렸을 때의 도형을 그려 보세요.

2

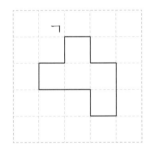

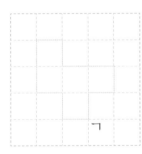

도형을 시계 방향으로 180°만큼 돌리면 위쪽 꼭짓점 ㄱ이 아래쪽으로 이동합니다.

3

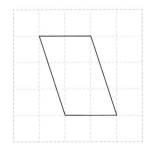

★ 도형을 시계 방향으로 180°만큼 돌렸을 때의 도형을 그려 보세요.

4

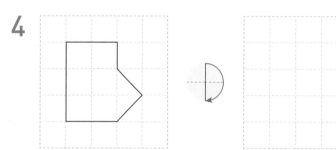

5

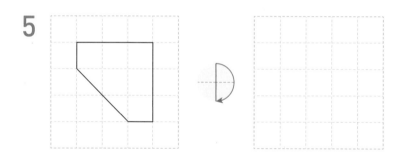

6

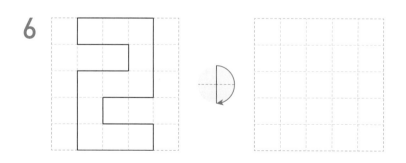

도형·측정편

14a

평면도형 돌리기

이름 :

날짜 :

시간 :　　:　　~　　:

🐸 평면도형을 시계 방향으로 270°만큼 돌리기

1 모양 조각을 시계 방향으로 270°만큼 돌렸습니다. 알맞은 것을 찾아 ○표 하세요. 〈학습자료 1〉 사용

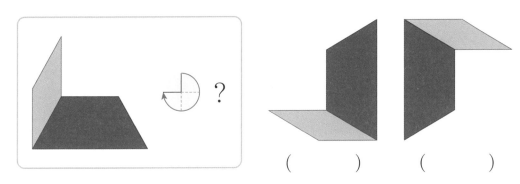

(　　　　) 　　(　　　　)

★ 도형을 시계 방향으로 270°만큼 돌렸을 때의 도형을 그려 보세요.

2

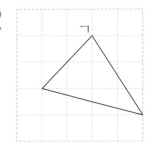 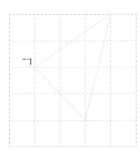

> 도형을 시계 방향으로 270°만큼 돌리면 위쪽 꼭짓점 ㄱ이 왼쪽으로 이동합니다.

3

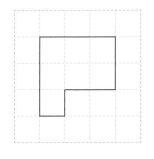 

★ 도형을 시계 방향으로 270°만큼 돌렸을 때의 도형을 그려 보세요.

4
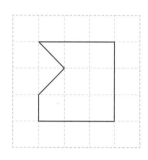

5
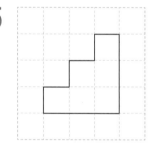

6
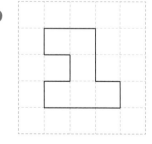

평면도형 돌리기

이름 :

날짜 :

시간 :   :   ~   :

🐸 평면도형을 시계 방향으로 360°만큼 돌리기

1 모양 조각을 시계 방향으로 360°만큼 돌렸습니다. 알맞은 것을 찾아 ○표 하세요. 〈학습자료 1〉 사용

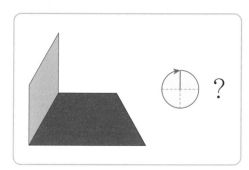

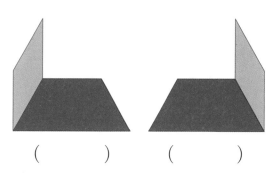

(   )   (   )

★ 도형을 시계 방향으로 360°만큼 돌렸을 때의 도형을 그려 보세요.

2

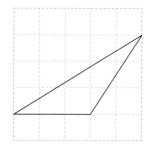   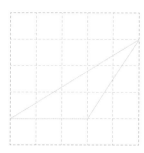

도형을 시계 방향으로 360°만큼 돌리면 처음 도형과 같습니다.

3

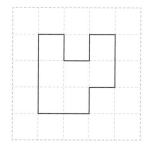   

★ 도형을 시계 방향으로 360°만큼 돌렸을 때의 도형을 그려 보세요.

4

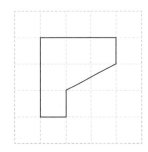

5

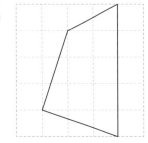

6

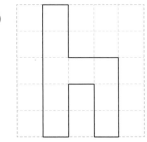

도형·측정편

16a

평면도형 돌리기

🐸 평면도형을 시계 반대 방향으로 90°만큼 돌리기

1 모양 조각을 시계 반대 방향으로 90°만큼 돌렸습니다. 알맞은 것을 찾아 ○표 하세요. 〈학습자료 1〉 사용

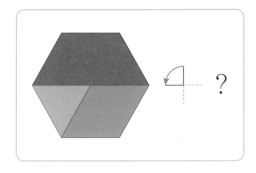

(　　　　)　　　(　　　　)

★ 도형을 시계 반대 방향으로 90°만큼 돌렸을 때의 도형을 그려 보세요.

2

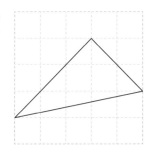

도형을 시계 반대 방향으로 90°, 180°, 270°, 360°만큼 돌리면 위쪽 꼭짓점이 왼쪽, 아래쪽, 오른쪽, 위쪽으로 이동합니다.

3

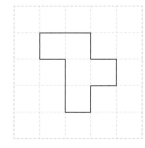

★ 도형을 시계 반대 방향으로 90°만큼 돌렸을 때의 도형을 그려 보세요.

4
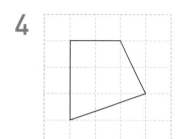 

5

6

평면도형 돌리기

이름 :

날짜 :

시간 :   :   ~   :

🐸 평면도형을 시계 반대 방향으로 180°만큼 돌리기

1 모양 조각을 시계 반대 방향으로 180°만큼 돌렸습니다. 알맞은 것을 찾아 ○표 하세요. 〈학습자료 1〉 사용

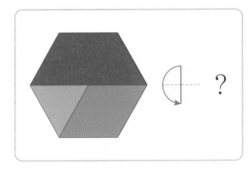   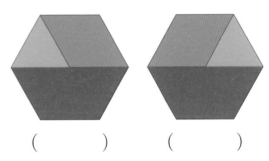

(   )   (   )

★ 도형을 시계 반대 방향으로 180°만큼 돌렸을 때의 도형을 그려 보세요.

2

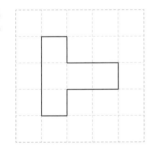 

3

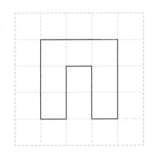 

영역별 반복집중학습 프로그램

★ 도형을 시계 반대 방향으로 180°만큼 돌렸을 때의 도형을 그려 보세요.

4

5
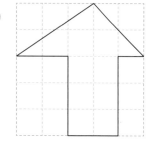

6
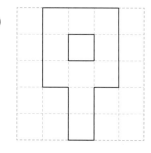

평면도형 돌리기

🐸 평면도형을 시계 반대 방향으로 270°만큼 돌리기

1 모양 조각을 시계 반대 방향으로 270°만큼 돌렸습니다. 알맞은 것을 찾아 ○표 하세요. 〈학습자료 1〉 사용

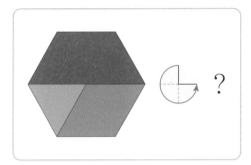

(   )   (   )

★ 도형을 시계 반대 방향으로 270°만큼 돌렸을 때의 도형을 그려 보세요.

2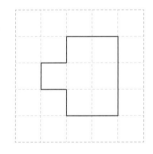

3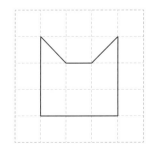

★ 도형을 시계 반대 방향으로 270°만큼 돌렸을 때의 도형을 그려 보세요.

4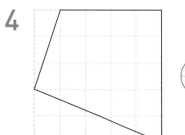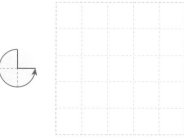

5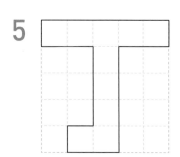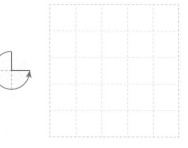

6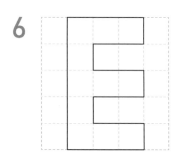

도형·측정편

19a

평면도형 돌리기

이름 :
날짜 :
시간 :   :   ~   :

🐸 평면도형을 시계 반대 방향으로 360°만큼 돌리기

1 모양 조각을 시계 반대 방향으로 360°만큼 돌렸습니다. 알맞은 것을 찾아 ○표 하세요. 〈학습자료 1〉 사용

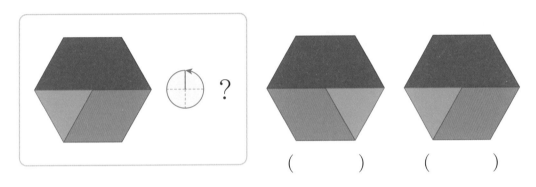

(   )   (   )

★ 도형을 시계 반대 방향으로 360°만큼 돌렸을 때의 도형을 그려 보세요.

2

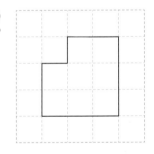

3

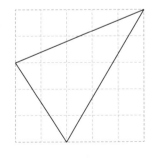

★ 도형을 시계 반대 방향으로 360°만큼 돌렸을 때의 도형을 그려 보세요.

4

5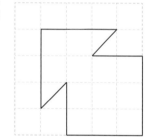

6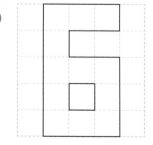

도형·측정편

20a

평면도형 뒤집고 돌리기

이름 :

날짜 :

시간 :   :   ~   :

🐸 평면도형을 뒤집고 돌리기 ①

1 도형을 아래쪽으로 뒤집고 시계 방향으로 90°만큼 돌렸을 때의 도형을 각각 그려 보세요.

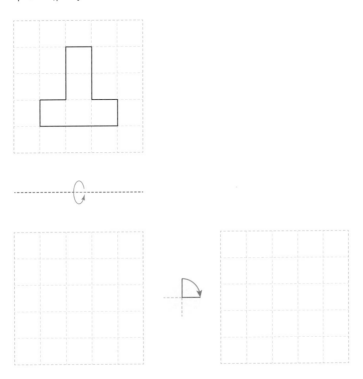

2 도형을 오른쪽으로 뒤집고 시계 방향으로 180°만큼 돌렸을 때의 도형을 각각 그려 보세요.

3 도형을 위쪽으로 뒤집고 시계 방향으로 270°만큼 돌렸을 때의 도형을 각각 그려 보세요.

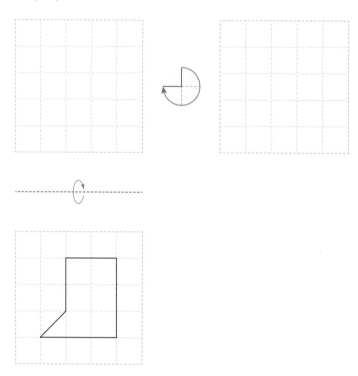

4 도형을 왼쪽으로 뒤집고 시계 방향으로 360°만큼 돌렸을 때의 도형을 각각 그려 보세요.

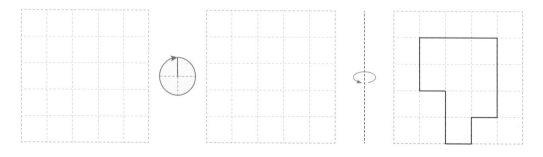

평면도형 뒤집고 돌리기

🐸 평면도형을 뒤집고 돌리기 ②

1 도형을 아래쪽으로 뒤집고 시계 방향으로 180°만큼 돌렸을 때의 도형을 각각 그려 보세요.

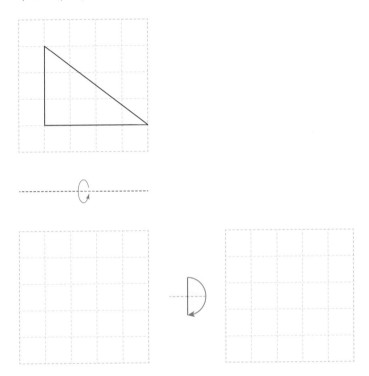

2 도형을 오른쪽으로 뒤집고 시계 방향으로 270°만큼 돌렸을 때의 도형을 각각 그려 보세요.

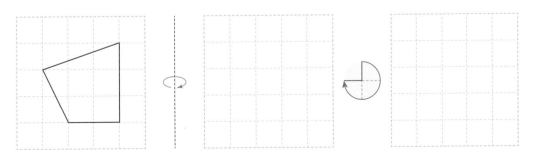

3 도형을 위쪽으로 뒤집고 시계 방향으로 360°만큼 돌렸을 때의 도형을 각각 그려 보세요.

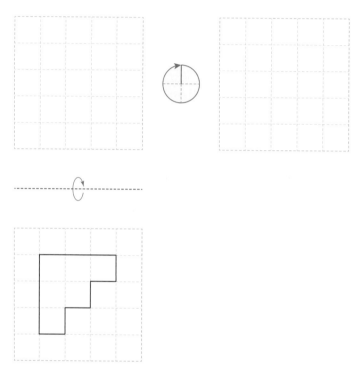

4 도형을 왼쪽으로 뒤집고 시계 방향으로 90°만큼 돌렸을 때의 도형을 각각 그려 보세요.

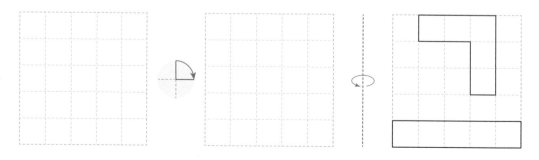

도형·측정편

22a

평면도형 뒤집고 돌리기

이름 :

날짜 :

시간 :   :   ~   :

🐸 평면도형을 뒤집고 돌리기 ③

1 도형을 아래쪽으로 뒤집고 시계 반대 방향으로 270°만큼 돌렸을 때의
도형을 각각 그려 보세요.

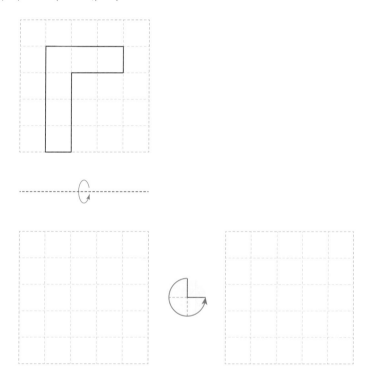

2 도형을 오른쪽으로 뒤집고 시계 반대 방향으로 360°만큼 돌렸을 때의
도형을 각각 그려 보세요.

3 도형을 위쪽으로 뒤집고 시계 반대 방향으로 90°만큼 돌렸을 때의 도형을 각각 그려 보세요.

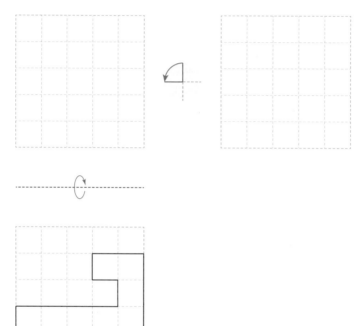

4 도형을 왼쪽으로 뒤집고 시계 반대 방향으로 180°만큼 돌렸을 때의 도형을 각각 그려 보세요.

도형·측정편

23a

평면도형 돌리고 뒤집기

🐸 **평면도형을 돌리고 뒤집기 ①**

1 도형을 시계 방향으로 90°만큼 돌리고 아래쪽으로 뒤집었을 때의 도형을 각각 그려 보세요.

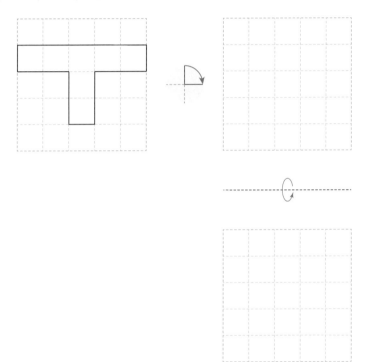

2 도형을 시계 방향으로 180°만큼 돌리고 오른쪽으로 뒤집었을 때의 도형을 각각 그려 보세요.

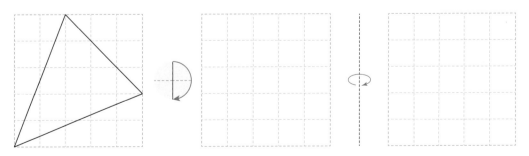

3 도형을 시계 방향으로 270°만큼 돌리고 위쪽으로 뒤집었을 때의 도형을 각각 그려 보세요.

4 도형을 시계 방향으로 360°만큼 돌리고 왼쪽으로 뒤집었을 때의 도형을 각각 그려 보세요.

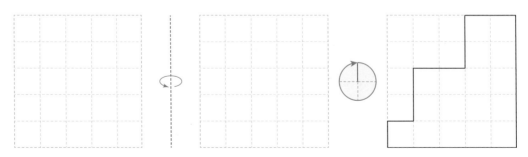

평면도형 돌리고 뒤집기

이름 :

날짜 :

시간 : : ~ :

🐸 평면도형을 돌리고 뒤집기 ②

1 도형을 시계 방향으로 180°만큼 돌리고 아래쪽으로 뒤집었을 때의 도형을 각각 그려 보세요.

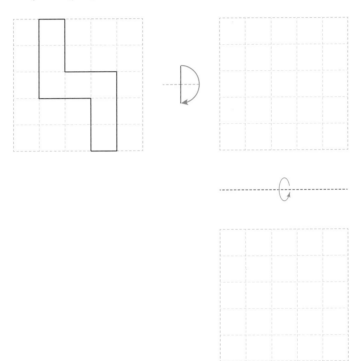

2 도형을 시계 방향으로 270°만큼 돌리고 오른쪽으로 뒤집었을 때의 도형을 각각 그려 보세요.

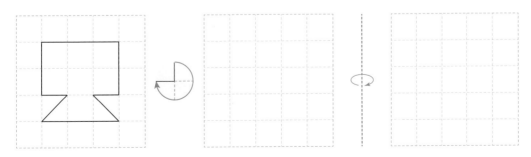

3 도형을 시계 방향으로 360°만큼 돌리고 위쪽으로 뒤집었을 때의 도형을 각각 그려 보세요.

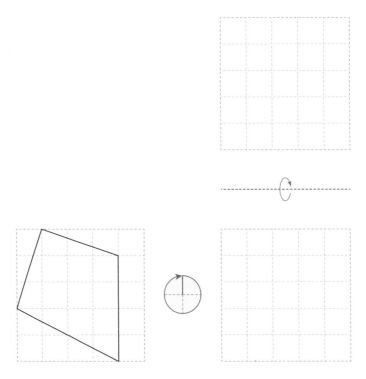

4 도형을 시계 방향으로 90°만큼 돌리고 왼쪽으로 뒤집었을 때의 도형을 각각 그려 보세요.

평면도형 돌리고 뒤집기

이름 :

날짜 :

시간 :   :   ~   :

🐸 평면도형을 돌리고 뒤집기 ③

1 도형을 시계 반대 방향으로 270°만큼 돌리고 아래쪽으로 뒤집었을 때
의 도형을 각각 그려 보세요.

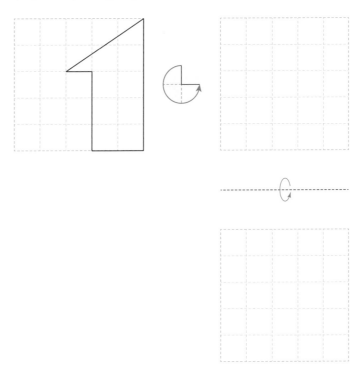

2 도형을 시계 반대 방향으로 360°만큼 돌리고 오른쪽으로 뒤집었을 때
의 도형을 각각 그려 보세요.

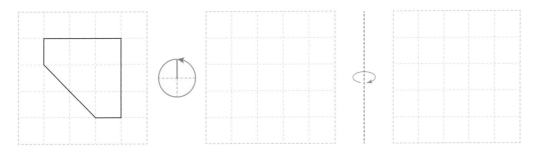

3 도형을 시계 반대 방향으로 90°만큼 돌리고 위쪽으로 뒤집었을 때의
도형을 각각 그려 보세요.

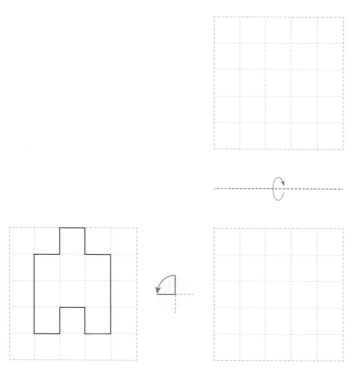

4 도형을 시계 반대 방향으로 180°만큼 돌리고 왼쪽으로 뒤집었을 때의
도형을 각각 그려 보세요.

도형·측정편

26a

도형 여러 번 움직이기

이름 :

날짜 :

시간 :   :   ~   :

🐸 평면도형을 여러 번 움직이기 ①

1 도형을 오른쪽으로 2번 뒤집은 도형을 그려 보세요.

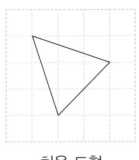

처음 도형

움직인 도형

도형을 같은 방향으로
2번 뒤집으면
처음 도형과 같습니다.

2 도형을 왼쪽으로 3번 뒤집은 도형을 그려 보세요.

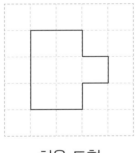

처음 도형

움직인 도형

도형을 왼쪽으로
3번 뒤집는 것은 도형을
왼쪽으로 1번 뒤집는
것과 같습니다.

3 도형을 위쪽으로 4번 뒤집은 도형을 그려 보세요.

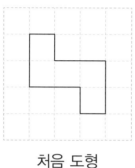

처음 도형

움직인 도형

4 도형을 아래쪽으로 5번 뒤집은 도형을 그려 보세요.

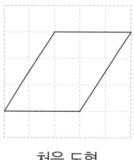

처음 도형

움직인 도형

27a

도형 여러 번 움직이기

이름 :

날짜 :

시간 :   :   ~   :

🐸 평면도형을 여러 번 움직이기 ②

1 도형을 시계 방향으로 90°만큼 2번 돌린 도형을 그려 보세요.

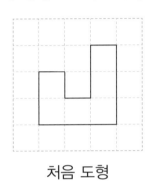

처음 도형

움직인 도형

도형을 90°만큼
2번 돌린 것은 도형을
180°만큼 돌린 것과
같습니다.

2 도형을 시계 방향으로 90°만큼 3번 돌린 도형을 그려 보세요.

처음 도형

움직인 도형

3 도형을 시계 방향으로 90°만큼 5번 돌린 도형을 그려 보세요.

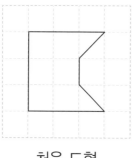

처음 도형

움직인 도형

도형을 90°만큼
5번 돌린 것은 도형을
90°만큼 1번 돌린 것과
같습니다.

4 도형을 시계 방향으로 90°만큼 8번 돌린 도형을 그려 보세요.

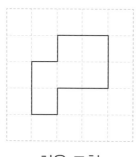

처음 도형

움직인 도형

도형 여러 번 움직이기

이름 :
날짜 :
시간 :   :   ~   :

🐸 평면도형을 여러 번 움직이기 ③

1 도형을 시계 반대 방향으로 90°만큼 2번 돌린 도형을 그려 보세요.

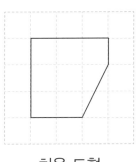

처음 도형

움직인 도형

2 도형을 시계 반대 방향으로 90°만큼 3번 돌린 도형을 그려 보세요.

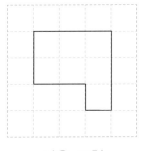

처음 도형

움직인 도형

영역별 반복집중학습 프로그램

3 도형을 시계 반대 방향으로 90°만큼 5번 돌린 도형을 그려 보세요.

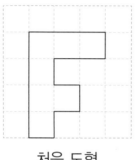

처음 도형   움직인 도형

4 도형을 시계 반대 방향으로 90°만큼 8번 돌린 도형을 그려 보세요.

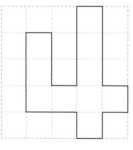

처음 도형   움직인 도형

도형 움직인 방법 알아보기

😊 평면도형을 움직인 방법 알아보기 ①

★ 오른쪽 도형은 왼쪽 도형을 어느 방향으로 뒤집었는지 알맞은 말에
○표 하세요.

1

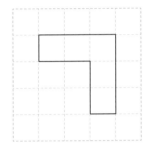 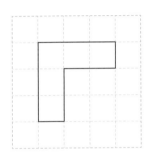

(왼쪽 , 위쪽)으로 뒤집었습니다.

2

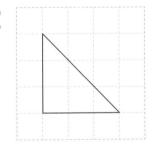 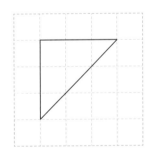

(왼쪽 , 아래쪽)으로 뒤집었습니다.

3

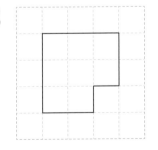 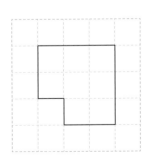

(오른쪽 , 위쪽)으로 뒤집었습니다.

★ 오른쪽 도형은 왼쪽 도형을 어느 방향으로 뒤집었는지 ☐ 안에 알맞은 말을 써넣으세요.

4

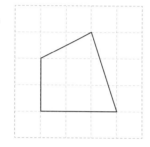

☐ 으로 뒤집었습니다.

5

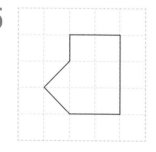 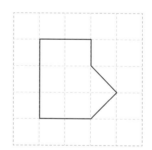

☐ 으로 뒤집었습니다.

6

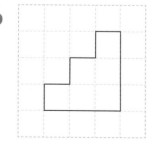 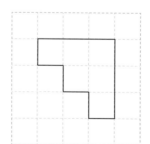

☐ 으로 뒤집었습니다.

영역별 반복집중학습 프로그램

도형·측정편

30a

도형 움직인 방법 알아보기

이름 :

날짜 :

시간 :   :   ~   :

🐸 평면도형을 움직인 방법 알아보기 ②

★ 오른쪽 도형은 왼쪽 도형을 시계 방향으로 얼마만큼 돌린 것인지 원 위에 나타내세요.

1

2

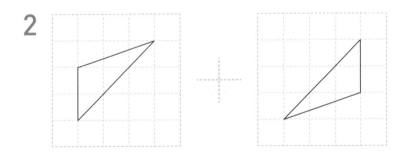

3

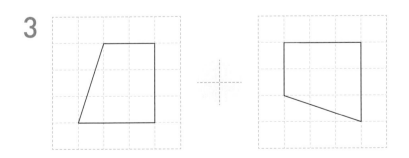

★ 오른쪽 도형은 왼쪽 도형을 시계 반대 방향으로 얼마만큼 돌린 것인지
  원 위에 나타내세요.

4

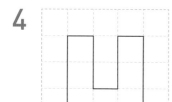

5

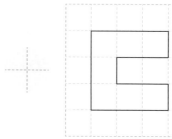

6

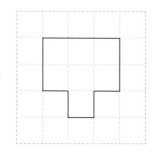

영역별 반복집중학습 프로그램

도형·측정편

31a

도형 움직인 방법 알아보기

이름 :

날짜 :

시간 :   :   ~   :

🐸 평면도형을 움직인 방법 알아보기 ③

★ 도형을 움직인 방법에 대한 설명입니다. 알맞은 말에 ◯표 하세요.

1

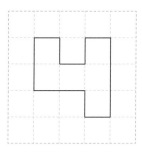

처음 도형

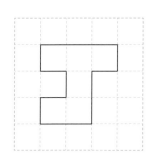

움직인 도형

> 처음 도형을 (시계 , 시계 반대) 방향으로
> (90° , 180°)만큼 돌렸습니다.

2

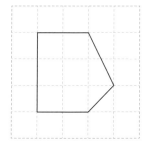

처음 도형

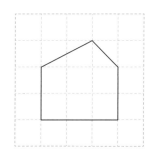

움직인 도형

> 처음 도형을 (시계 , 시계 반대) 방향으로
> (180° , 270°)만큼 돌렸습니다.

영역별 반복집중학습 프로그램

★ 도형을 움직인 방법에 대한 설명입니다. 알맞은 말에 ○표 하세요.

3

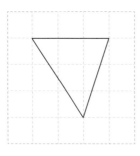

처음 도형

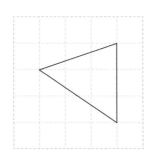

움직인 도형

처음 도형을 (시계 , 시계 반대) 방향으로 90°만큼 돌리고
(오른쪽 , 위쪽)으로 뒤집었습니다.

4

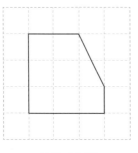

처음 도형

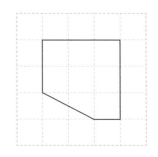

움직인 도형

처음 도형을 (왼쪽 , 아래쪽)으로 뒤집고
(시계 , 시계 반대) 방향으로 270°만큼 돌렸습니다.

도형·측정편

32a

도형 움직인 방법 알아보기

이름 :

날짜 :

시간 :   :   ~   :

🐸 평면도형을 움직인 방법 알아보기 ④

★ 보기 에서 알맞은 것을 골라 삼각형을 움직인 방법을 2가지 써 보세요.

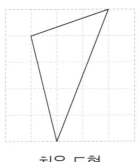

처음 도형

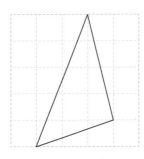

움직인 도형

보기

오른쪽, 왼쪽, 위쪽, 아래쪽, 시계 방향, 시계 반대 방향,
90°, 180°, 270°, 뒤집기, 돌리기

1

방법 1

삼각형을 [   ](으)로 뒤집고, [   ](으)로
뒤집기 했습니다.

2

방법 2

★ 보기 에서 알맞은 것을 골라 사각형을 움직인 방법을 2가지 써 보세요.

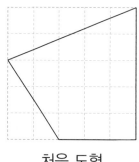

처음 도형

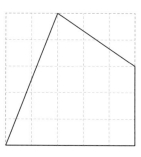

움직인 도형

보기

오른쪽, 왼쪽, 위쪽, 아래쪽, 시계 방향, 시계 반대 방향,
90°, 180°, 270°, 뒤집기, 돌리기

3

방법 1

사각형을 시계 방향으로 ☐ 만큼 돌리고, ☐
(으)로 뒤집기 했습니다.

4

방법 2

영역별 반복집중학습 프로그램

도형·측정편

33a

도형 움직인 방법 알아보기

이름 :

날짜 :

시간 : : ~ :

🐸 평면도형을 움직인 방법 알아보기 ⑤

★ 보기 에서 알맞은 것을 골라 도형을 움직인 방법을 2가지 써 보세요.

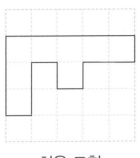

처음 도형

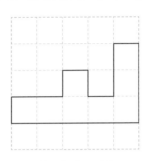

움직인 도형

> 보기
>
> 오른쪽, 왼쪽, 위쪽, 아래쪽, 시계 방향, 시계 반대 방향,
> 90°, 180°, 270°, 뒤집기, 돌리기

1 방법 1

도형을 [   ](으)로 뒤집고, [   ](으)로 뒤집기

했습니다.

2 방법 2

★ 보기 에서 알맞은 것을 골라 도형을 움직인 방법을 2가지 써 보세요.

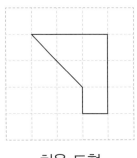

처음 도형

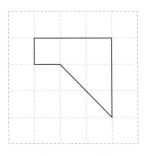

움직인 도형

보기

오른쪽, 왼쪽, 위쪽, 아래쪽, 시계 방향, 시계 반대 방향,
90°, 180°, 270°, 뒤집기, 돌리기

3

방법 1

도형을 시계 방향으로 [   ]만큼 돌리고, [   ]
(으)로 뒤집기 했습니다.

4

방법 2

도형 움직인 방법 알아보기

이름 :

날짜 :

시간 :   :   ~   :

🐸 조각을 움직여서 직사각형 완성하기

★ 조각을 움직여서 직사각형을 완성하려고 합니다. 물음에 답하세요.

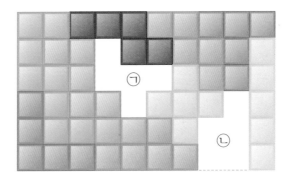

1 ㉠, ㉡에 들어갈 수 있는 조각을 찾아 각각 기호를 쓰세요.

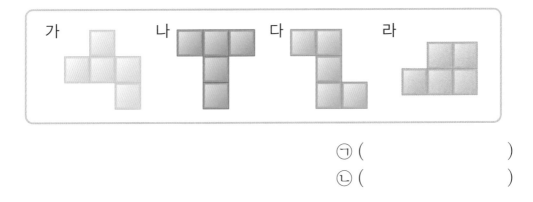

㉠ (   )

㉡ (   )

2 1에서 고른 조각을 이용하여 ㉠을 채우려면 어떻게 움직여야 하는지 ☐ 안에 알맞은 수나 말을 써넣으세요.

☐ 조각을 시계 반대 방향으로 ☐ °만큼 돌립니다.

★ 조각을 움직여서 직사각형을 완성하려고 합니다. 물음에 답하세요.

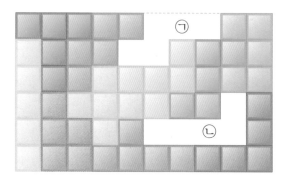

3 ㉠, ㉡에 들어갈 수 있는 조각을 찾아 각각 기호를 쓰세요.

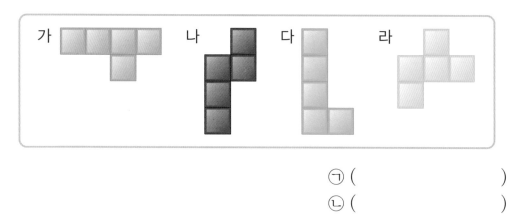

가　　　나　　　다　　　라

㉠ (　　　　　　　　　)

㉡ (　　　　　　　　　)

4 3에서 고른 조각을 이용하여 ㉠을 채우려면 어떻게 움직여야 하는지 ☐ 안에 알맞은 수나 말을 써넣으세요.

☐ 조각을 시계 방향으로 ☐°만큼 돌리고 ☐
(으)로 뒤집습니다.

영역별 반복집중학습 프로그램

도형·측정편

35a

이름 :

날짜 :

시간 :　　:　　~　　:

처음 도형 알아보기

🐸 처음 도형 알아보기 ①

1 어떤 도형을 오른쪽으로 뒤집었더니 다음과 같은 도형이 되었습니다.
처음 도형을 그려 보세요.

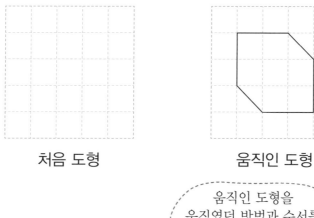

처음 도형　　　　　　　　　움직인 도형

움직인 도형을
움직였던 방법과 순서를
거꾸로 하여 움직이면
처음 도형이 됩니다.

2 어떤 도형을 아래쪽으로 3번 뒤집었더니 다음과 같은 도형이 되었습
니다. 처음 도형을 그려 보세요.

　　　　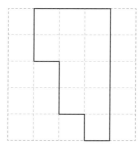

처음 도형　　　　　　　　　움직인 도형

3 어떤 도형을 시계 방향으로 90°만큼 돌렸더니 다음과 같은 도형이 되었습니다. 처음 도형을 그려 보세요.

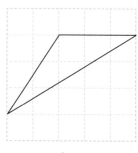

처음 도형   움직인 도형

4 어떤 도형을 시계 반대 방향으로 270°만큼 돌렸더니 다음과 같은 도형이 되었습니다. 처음 도형을 그려 보세요.

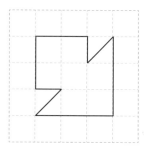

처음 도형   움직인 도형

영역별 반복집중학습 프로그램 ——

도형·측정편

처음 도형 알아보기

이름 :

날짜 :

시간 :   :   ~   :

🐸 처음 도형 알아보기 ②

1 어떤 도형을 아래쪽으로 2번 뒤집고 시계 반대 방향으로 90°만큼 돌렸더니 다음과 같은 도형이 되었습니다. 처음 도형을 그려 보세요.

처음 도형

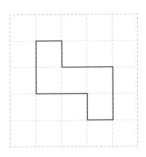

움직인 도형

2 어떤 도형을 위쪽으로 3번 뒤집고 시계 방향으로 180°만큼 돌렸더니 다음과 같은 도형이 되었습니다. 처음 도형을 그려 보세요.

처음 도형

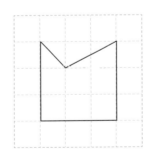

움직인 도형

11과정 평면도형의 이동

영역별 반복집중학습 프로그램

3 어떤 도형을 시계 방향으로 270°만큼 돌리고 오른쪽으로 2번 뒤집었더니 다음과 같은 도형이 되었습니다. 처음 도형을 그려 보세요.

처음 도형

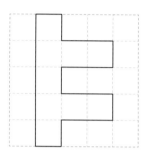

움직인 도형

4 어떤 도형을 시계 반대 방향으로 90°만큼 돌리고 왼쪽으로 3번 뒤집었더니 다음과 같은 도형이 되었습니다. 처음 도형을 그려 보세요.

처음 도형

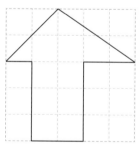

움직인 도형

무늬 꾸미기

🐸 무늬 꾸미기 ①

1 ◻ 모양으로 밀기를 이용하여 규칙적인 무늬를 만들어 보세요.

〈학습자료 3〉 사용

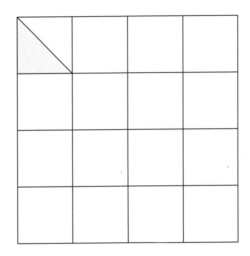

2 ◻ 모양으로 뒤집기를 이용하여 규칙적인 무늬를 만들어 보세요.

〈학습자료 3〉 사용

3 모양으로 돌리기를 이용하여 규칙적인 무늬를 만들어 보세요.

〈학습자료 3〉 사용

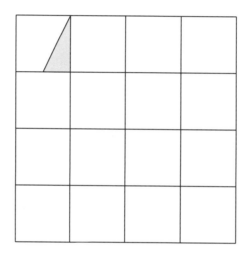

4 다음 중 모양으로 뒤집기를 이용하여 만든 무늬를 찾아 기호를 쓰세요.

가 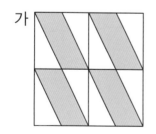 나 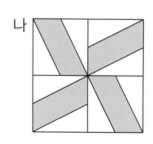 다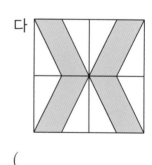

(   )

무늬 꾸미기

이름 :

날짜 :

시간 :   :   ~   :

🐸 무늬 꾸미기 ②

1 모양으로 밀기를 이용하여 규칙적인 무늬를 만들어 보세요.

〈학습자료 3〉 사용

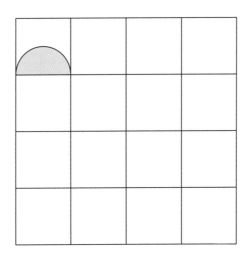

2 모양으로 뒤집기를 이용하여 규칙적인 무늬를 만들어 보세요.

〈학습자료 4〉 사용

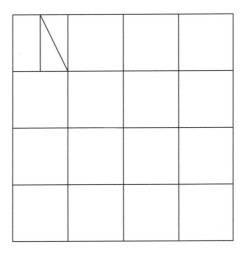

3 ▯ 모양으로 돌리기를 이용하여 규칙적인 무늬를 만들어 보세요.

〈학습자료 4〉 사용

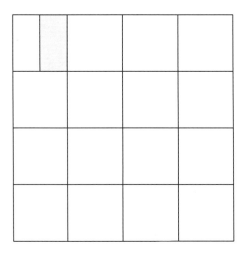

4 다음 중 ▧ 모양으로 돌리기를 이용하여 만든 무늬를 찾아 기호를 쓰세요.

가 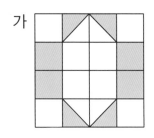 나 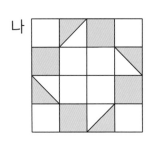 다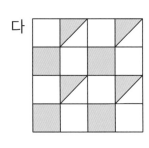

(   )

영역별 반복집중학습 프로그램

도형·측정편

39a

무늬 꾸미기

이름 :

날짜 :

시간 :   :   ~   :

🐸 무늬 꾸미기 ③

★ 다음은 일정한 규칙에 따라 만들어진 무늬입니다. 빈칸을 채워 무늬를 완성해 보세요. 〈학습자료 4〉 사용

1

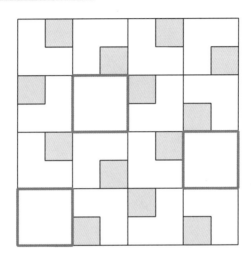

2

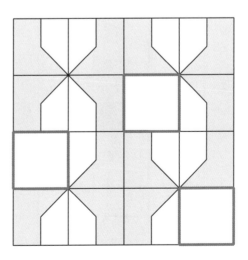

★ 다음은 일정한 규칙에 따라 만들어진 무늬입니다. 빈칸을 채워 무늬를
완성해 보세요. 〈학습자료 4〉사용

3

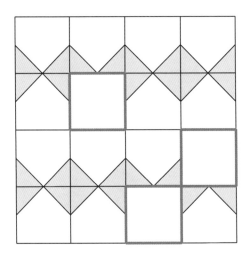

4

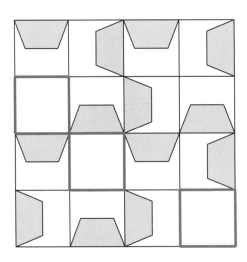

도형·측정편

40a 무늬 꾸미기

이름 :
날짜 :
시간 :   :   ~   :

🐸 무늬 꾸미기 ④

★ 어떤 규칙으로 무늬를 만들었는지 알맞은 말에 ○표 하세요.

1

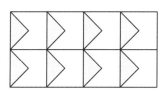

▷ 모양을 (위쪽 , 오른쪽)으로 밀기를 반복해서 모양을 만들고,
그 모양을 아래쪽으로 (밀어서 , 돌려서) 무늬를 만들었습니다.

2

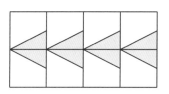

◸ 모양을 (아래쪽 , 오른쪽)으로 뒤집어서 모양을 만들고, 그 모양
을 오른쪽으로 (밀기 , 돌리기)를 반복해서 무늬를 만들었습니다.

3

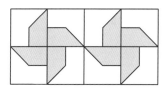

◺ 모양을 시계 방향으로 (90° , 180°)만큼 돌리는 것을 반복해서
모양을 만들고, 그 모양을 오른쪽으로 (밀어서 , 뒤집어서) 무늬를
만들었습니다.

★ 어떤 규칙으로 무늬를 만들었는지 알맞은 말에 ○표 하세요.

4

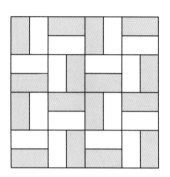

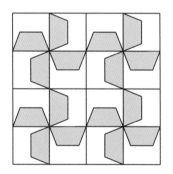 모양을 시계 방향으로 (90° , 180°)만큼 돌리는 것을 반복해서

모양을 만들고, 그 모양을 오른쪽과 아래쪽으로 (밀어서 , 뒤집어서)
무늬를 만들었습니다.

5

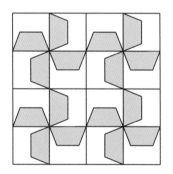

모양을 시계 방향으로 (90° , 180°)만큼 돌리는 것을 반복해서

모양을 만들고, 그 모양을 오른쪽과 아래쪽으로 (밀어서 , 뒤집어서)
무늬를 만들었습니다.

🔧 다음 학습 연관표

| 11과정 평면도형의 이동 | → | 15과정 합동과 대칭 |

성취도 테스트

11과정 | 평면도형의 이동

이름			
실시 연월일	년	월	일
걸린 시간		분	초
오답 수			/ 12

기초부터 탄탄하게
G 기탄교육

1 도형을 오른쪽으로 5 cm 밀었을 때의 도형을 그려 보세요.

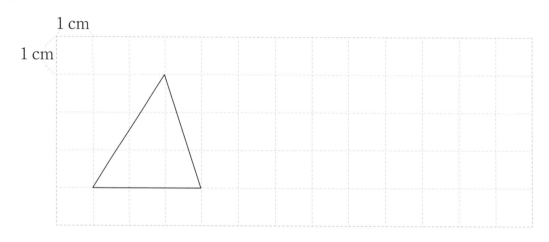

1 cm

1 cm

2 도형을 왼쪽과 오른쪽으로 뒤집었을 때의 도형을 각각 그려 보세요.

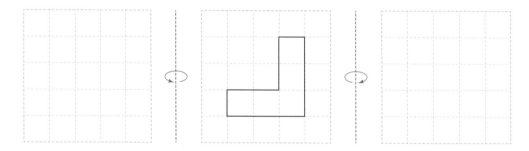

3 모양 조각을 시계 방향으로 90°만큼 돌렸습니다. 알맞은 것을 찾아 ○ 표 하세요. 〈학습자료 1〉 사용

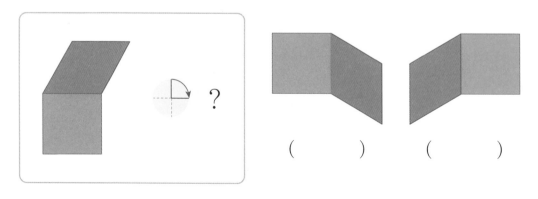

(   )   (   )

4 도형을 시계 반대 방향으로 180°만큼 돌렸을 때의 도형을 그려 보세요.

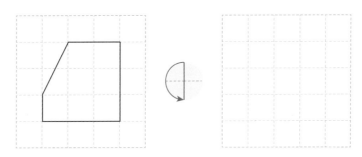

5 도형을 오른쪽으로 뒤집고 시계 방향으로 270°만큼 돌렸을 때의 도형을 각각 그려 보세요.

6 도형을 시계 방향으로 270°만큼 돌리고 오른쪽으로 뒤집었을 때의 도형을 각각 그려 보세요.

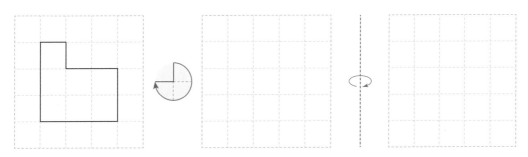

7 모양 조각을 아래쪽으로 뒤집고 시계 반대 방향으로 90°만큼 돌렸습니다. 알맞은 것을 찾아 ○표 하세요. 〈학습자료 1〉 사용

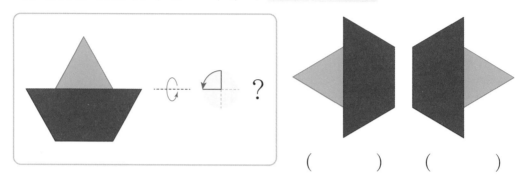

(   )   (   )

8 도형을 위쪽으로 5번 뒤집은 도형을 그려 보세요.

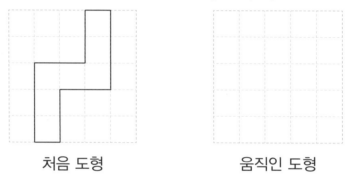

처음 도형   움직인 도형

9 도형을 움직인 방법에 대한 설명입니다. 알맞은 말에 ○표 하세요.

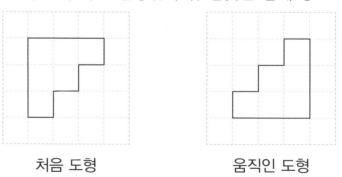

처음 도형   움직인 도형

처음 도형을 (시계 , 시계 반대) 방향으로 (90° , 180°)만큼 돌렸습니다.

10 도형을 움직인 방법에 대한 설명입니다. ☐ 안에 알맞은 수나 말을 써 넣으세요.

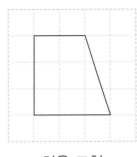

처음 도형

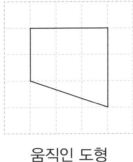

움직인 도형

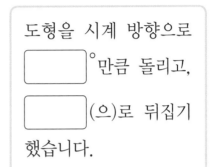

도형을 시계 방향으로

☐ °만큼 돌리고,

☐ (으)로 뒤집기

했습니다.

11 어떤 도형을 시계 방향으로 90°만큼 돌리고 아래쪽으로 뒤집었더니 다음과 같은 도형이 되었습니다. 처음 도형을 그려 보세요.

처음 도형

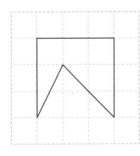

움직인 도형

12 모양을 오른쪽으로 뒤집어서 만든 무늬를 찾아 ○표 하세요.

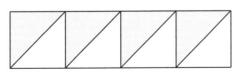

(   )

(   )

성취도 테스트 결과표

11과정 | 평면도형의 이동

번호	평가 요소	평가 내용	결과(O, X)	관련 내용
1	평면도형 밀기	도형의 변이나 꼭짓점을 이용하여 몇 cm 밀기를 할 수 있는지 확인하는 문제입니다.		5a
2	평면도형 뒤집기	도형을 왼쪽으로 뒤집은 모양과 오른쪽으로 뒤집은 모양을 그려 보는 문제입니다.		7a
3	평면도형 돌리기	모양 조각을 시계 방향으로 주어진 각도만큼 돌렸을 때의 모양을 찾는 문제입니다.		12a
4		도형을 시계 반대 방향으로 주어진 각도만큼 돌렸을 때의 도형을 그려 보는 문제입니다.		16a
5	평면도형 뒤집고 돌리기	도형을 뒤집고 시계 방향으로 주어진 각도만큼 돌렸을 때의 도형을 그려 보는 문제입니다.		20a
6	평면도형 돌리고 뒤집기	도형을 시계 방향으로 주어진 각도만큼 돌리고 뒤집었을 때의 도형을 그려 보는 문제입니다.		23a
7	평면도형 뒤집고 돌리기	모양 조각을 뒤집고 시계 반대 방향으로 주어진 각도만큼 돌렸을 때의 모양을 찾는 문제입니다.		20a
8	도형 여러 번 움직이기	도형을 여러 번 움직였을 때 움직인 도형을 그릴 수 있는지 확인하는 문제입니다.		26a
9	도형 움직인 방법 알아보기	처음 도형과 움직인 도형을 보고 도형을 움직인 방법을 설명할 수 있는지 확인하는 문제입니다.		31a
10				31a
11	처음 도형 알아보기	움직인 방법과 순서를 거꾸로 하여 처음 도형을 그릴 수 있는지 확인하는 문제입니다.		35a
12	무늬 꾸미기	무늬를 보고 어떤 규칙으로 무늬를 만들었는지 확인하는 문제입니다.		37a

평가 기준

평가	□ A등급(매우 잘함)	□ B등급(잘함)	□ C등급(보통)	□ D등급(부족함)
오답 수	0~1	2	3	4~

• A, B등급: 다음 교재를 시작하세요.

• C등급: 틀린 부분을 다시 한번 더 공부한 후, 다음 교재를 시작하세요.

• D등급: 본 교재를 다시 구입하여 복습한 후, 다음 교재를 시작하세요.

1ab

1 ( )(○)

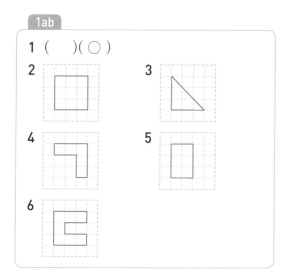

4ab

1 (○)( )

6 ( )(○)

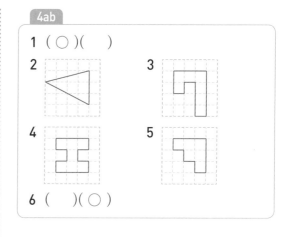

2ab

1 (○)( )

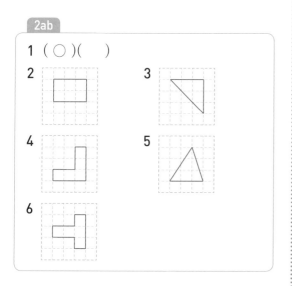

5ab

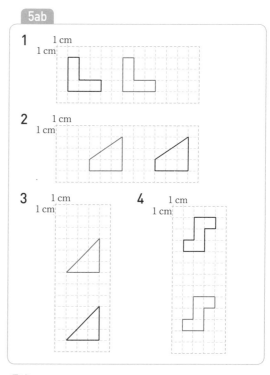

3ab

1 ( )(○)

6 (○)( )

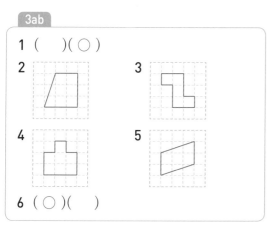

〈풀이〉

1~4 모눈종이 1칸이 1 cm임을 알고, 칸의 수를 세어서 일정한 방향과 길이만큼 민 도형을 그립니다. 주어진 도형을 밀 때에는 도형의 한 변을 기준으로 하여 움직입니다. 단, 기준이 되는 변을 다르게 잡더라도 결과는 같습니다.

6ab

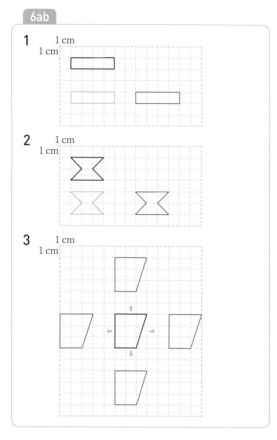

1
1 cm
1 cm

2
1 cm
1 cm

3
1 cm
1 cm

7ab

1 ( )(○)
2
3
4
5
6

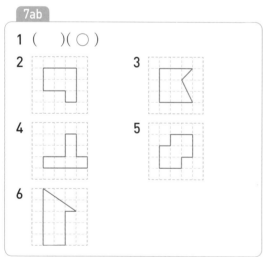

〈풀이〉
2~6 도형을 뒤집었을 때의 도형을 그릴 때에
는 변이나 꼭짓점을 이용하여 이동한 위치
를 찾아봅니다.

8ab

1 (○)( )
2
3
4
5
6

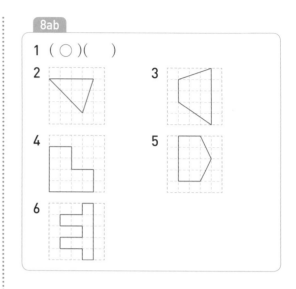

9ab

1 (○)( )
2
3
4
5
6 (○)( )

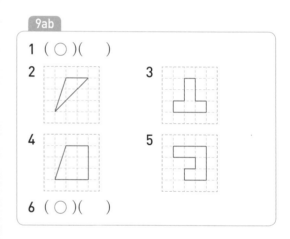

10ab

1 ( )(○)
2
3
4
5
6 (○)( )

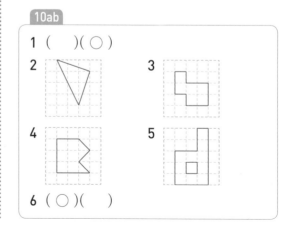

11ab

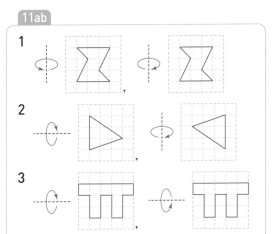

12ab

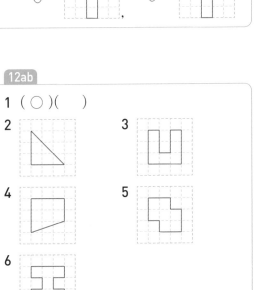

〈풀이〉

1~6 도형을 돌렸을 때 도형의 모양과 크기는 변하지 않고 도형의 방향이 바뀝니다. 도형을 시계 방향으로 90°, 180°, 270°, 360° 만큼 돌리면 위쪽 부분이 오른쪽( ), 아래쪽( ), 왼쪽( ), 위쪽( )으로 이동합니다.

13ab

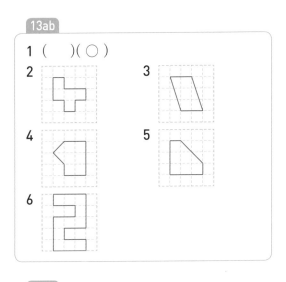

14ab

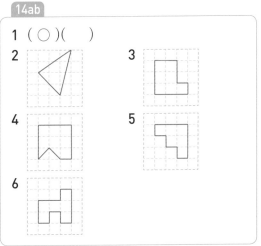

15ab

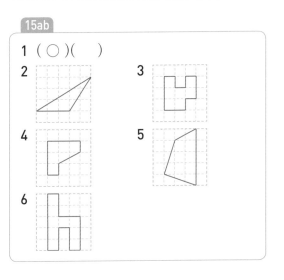

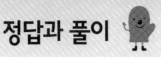

영역별 반복집중학습 프로그램
도형·측정편

16ab
1 (○)(　)

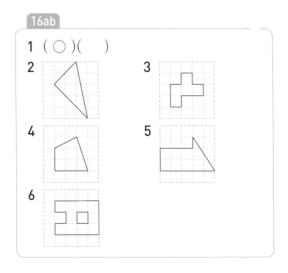

17ab
1 (　)(○)

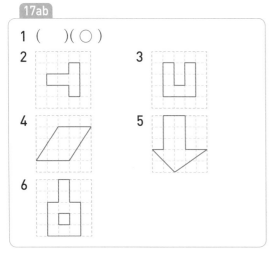

18ab
1 (○)(　)

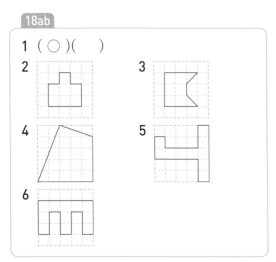

19ab
1 (　)(○)

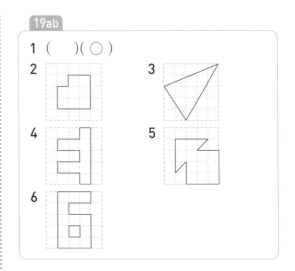

20ab

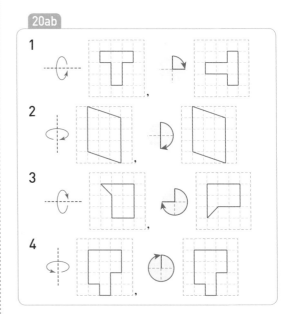

〈풀이〉
1 도형을 아래쪽으로 뒤집으면 위쪽과 아래쪽 부분이 서로 바뀝니다.
다시 시계 방향으로 90°만큼 돌리면 위쪽 부분이 오른쪽으로 이동합니다.

2 도형을 오른쪽으로 뒤집으면 왼쪽과 오른쪽 부분이 서로 바뀝니다.
다시 시계 방향으로 180°만큼 돌리면 위쪽 부분이 아래쪽으로 이동하고, 왼쪽 부분이 오른쪽으로 이동합니다.

3 도형을 위쪽으로 뒤집으면 아래쪽과 위쪽 부분이 서로 바뀝니다.
다시 시계 방향으로 270°만큼 돌리면 위쪽 부분이 왼쪽으로 이동합니다.

21ab

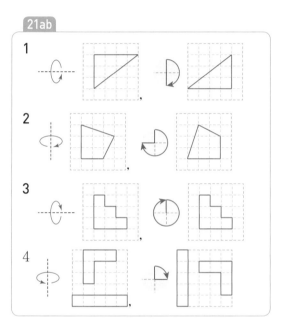

22ab

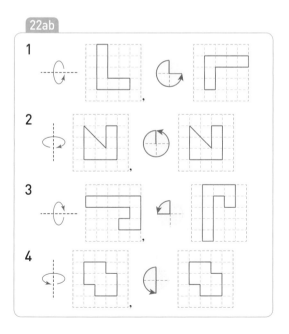

23ab

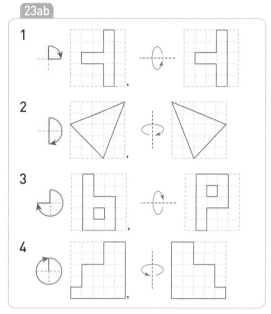

〈풀이〉

1~4 도형을 돌리고 뒤집기와 도형을 뒤집고 돌리는 것은 움직이는 순서가 다르므로 모양이 같을 수도 있고, 다를 수도 있습니다. 따라서 도형을 주어진 순서에 맞게 움직여야 합니다.

24ab

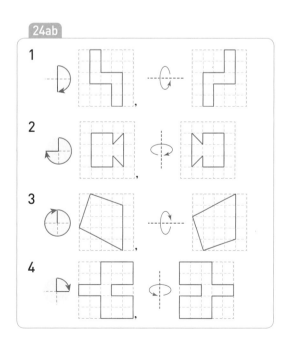

25ab

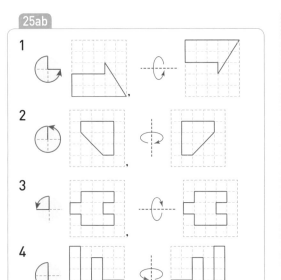

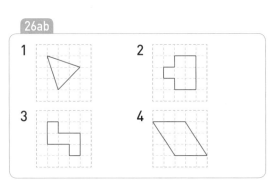

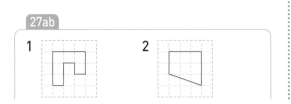

26ab

| 1 | 2 |
| 3 | 4 |

〈풀이〉

1~4 • 도형을 같은 방향으로 2번, 4번, 6번
 …… 뒤집었을 때의 도형은 처음 도형과
 같습니다.

• 도형을 같은 방향으로 1번, 3번, 5번
 …… 뒤집으면 도형을 같은 방향으로 1번
 뒤집었을 때의 도형과 같습니다.

27ab

| 1 | 2 |

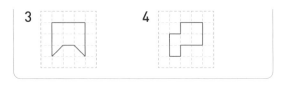

28ab

| 1 | 2 |
| 3 | 4 |

29ab

1 왼쪽	2 아래쪽
3 오른쪽	4 위쪽(아래쪽)
5 오른쪽(왼쪽)	6 위쪽(아래쪽)

30ab

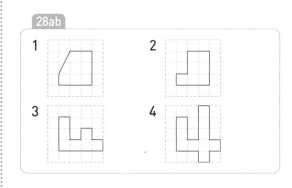

31ab

1 시계 반대, 90° **2** 시계, 270°
3 (시계, 위쪽) 또는 (시계 반대, 오른쪽)
4 (왼쪽, 시계) 또는 (아래쪽, 시계 반대)

32ab

1 예 위쪽(아래쪽), 오른쪽(왼쪽)
2 예 삼각형을 시계 방향으로 180°만큼
 돌리기 했습니다.

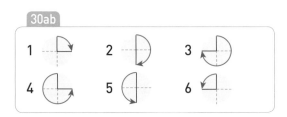

3 예 90°, 오른쪽(왼쪽)
4 예 사각형을 시계 반대 방향으로 90°
만큼 돌리고, 위쪽으로 뒤집기 했습니다.

33ab

1 예 위쪽(아래쪽), 오른쪽(왼쪽)
2 예 도형을 시계 방향으로 180°만큼 돌리기 했습니다.
3 예 90°, 위쪽(아래쪽)
4 예 도형을 시계 반대 방향으로 90°만큼 돌리고, 오른쪽으로 뒤집기 했습니다.

34ab

1 ㉠ 가, ㉡ 라
2 가, 180
3 ㉠ 나, ㉡ 다
4 예 나, 90, 오른쪽(왼쪽)

〈풀이〉
1 예 ㉠ 가 조각을 시계 방향으로 180°만큼 돌립니다.
   ㉡ 라 조각을 시계 방향으로 90°만큼 돌리고 오른쪽으로 뒤집습니다.

35ab

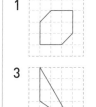

36ab

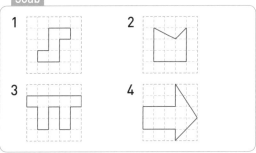

〈풀이〉
※ 움직였던 방법과 순서를 거꾸로 하여 움직이면 처음 도형이 됩니다.
1 도형을 아래쪽으로 2번 뒤집으면 처음 도형과 같습니다. 따라서 움직인 도형을 시계 방향으로 90°만큼 돌리면 처음 도형이 됩니다.
2 움직인 도형을 시계 반대 방향으로 180°만큼 돌리고 아래쪽으로 3번 뒤집으면 처음 도형이 됩니다.

37ab

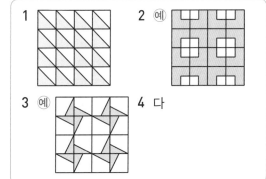

2 예
4 다

〈풀이〉
4 가 주어진 모양을 오른쪽과 아래쪽으로 밀었습니다.
   나 주어진 모양을 시계 방향으로 90°만큼 돌리는 것을 반복했습니다.
   다 주어진 모양을 오른쪽으로 뒤집고, 그 모양을 아래쪽으로 뒤집었습니다.

38ab

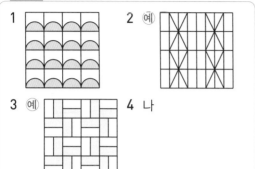

1
2 예
3 예   4 나

〈풀이〉

4 가 주어진 모양을 오른쪽으로 뒤집고, 그 모양을 아래쪽으로 뒤집었습니다.
나 주어진 모양을 시계 방향으로 90°만큼 돌리는 것을 반복했습니다.
다 주어진 모양을 오른쪽과 아래쪽으로 밀었습니다.

39ab

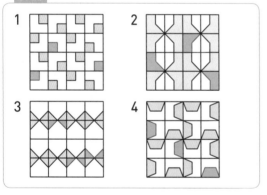

40ab

1 오른쪽, 밀어서
2 아래쪽, 밀기
3 90°, 밀어서
4 90°, 밀어서
5 90°, 밀어서

성취도 테스트

1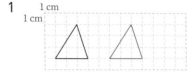

2

3 (○)( )

4

5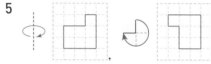

6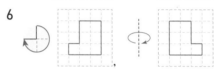

7 ( )(○)

8

9 (시계, 180°) 또는 (시계 반대, 180°)
10 예 90, 오른쪽(왼쪽)
11

12 ( )
(○)